Ruby Jindal

Renascimento do papel: Formas criativas e sustentáveis de reutilizar o papel

Ruby Jindal

Renascimento do papel: Formas criativas e sustentáveis de reutilizar o papel

ScienciaScripts

Imprint

Any brand names and product names mentioned in this book are subject to trademark, brand or patent protection and are trademarks or registered trademarks of their respective holders. The use of brand names, product names, common names, trade names, product descriptions etc. even without a particular marking in this work is in no way to be construed to mean that such names may be regarded as unrestricted in respect of trademark and brand protection legislation and could thus be used by anyone.

Cover image: www.ingimage.com

This book is a translation from the original published under ISBN 978-620-7-65171-9.

Publisher:
Sciencia Scripts
is a trademark of
Dodo Books Indian Ocean Ltd. and OmniScriptum S.R.L publishing group

120 High Road, East Finchley, London, N2 9ED, United Kingdom
Str. Armeneasca 28/1, office 1, Chisinau MD-2012, Republic of Moldova, Europe
Printed at: see last page
ISBN: 978-620-7-89234-1

Prefácio

Num mundo em que a sustentabilidade ambiental se tornou uma preocupação premente, o simples ato de reutilizar papel pode ter um impacto profundo. O papel, um material tão integrante da nossa vida quotidiana, acaba muitas vezes em aterros sanitários após uma única utilização. No entanto, tem um imenso potencial de criatividade e utilidade para além do seu objetivo inicial. "Paper Renaissance: Formas Criativas e Sustentáveis de Reutilizar o Papel" nasce do desejo de repensar a nossa relação com o papel, de o ver não como um desperdício, mas como uma tela para infinitas possibilidades.

Este livro é uma viagem ao coração do artesanato sustentável. Combina conselhos práticos com inspiração artística, oferecendo uma vasta gama de projectos adequados a todos os níveis de competências. Desde simples cadernos de bricolage e embrulhos de presentes personalizados a esculturas de papel complexas e encadernação avançada, cada capítulo foi concebido para despertar a sua criatividade, ao mesmo tempo que promove práticas amigas do ambiente.

À medida que explora os capítulos deste livro, descobrirá não só as técnicas e as ferramentas necessárias para o fabrico de papel, mas também as histórias e as ideias que sublinham a importância da reutilização do papel. Aprofundamos o impacto ambiental dos resíduos de papel, os tipos de papel que podem ser reutilizados e a forma como estes pequenos actos de reutilização contribuem para um movimento mais vasto no sentido da sustentabilidade.

Este livro é para todos: o artesão casual que procura dar um toque pessoal aos seus presentes, o indivíduo com consciência ambiental que procura reduzir a sua pegada de carbono, o educador que pretende incutir valores de sustentabilidade nos seus alunos e o empresário que espera fundir a criatividade com práticas empresariais amigas do ambiente.

Por

Dr. Ruby Jindal

(Universidade K.R. Mangalam, Gurugram, Haryana, Índia)

Índice

Introdução: O dilema do papel

Na intrincada tapeçaria da nossa existência moderna, o papel é simultaneamente um companheiro silencioso e uma ferramenta indispensável. Acompanha-nos desde as primeiras fases da nossa educação, através dos corredores movimentados dos nossos locais de trabalho, até aos momentos tranquilos de reflexão nas nossas casas. Desde as páginas nítidas dos romances que nos transportam para terras distantes até à humilde lista de compras anotada apressadamente num pedaço de papel, o papel é um meio através do qual navegamos nas nossas vidas.

No entanto, no meio da sua omnipresença e utilidade, existe uma verdade paradoxal - a produção e a eliminação do papel têm um grande impacto no nosso ambiente. Esta dualidade constitui o cerne do que designamos por "Paper Predicament", um enigma que nos convida a conciliar a indispensabilidade do papel com as profundas consequências ecológicas do seu ciclo de vida.

O imperativo ambiental

Para compreender plenamente a magnitude da situação do papel, é necessário confrontar as realidades gritantes do seu impacto ambiental. A produção de papel, essencialmente derivada da pasta de madeira, está intrinsecamente ligada à desflorestação - um processo que não só diminui os sumidouros naturais de carbono da Terra como também ameaça a biodiversidade de ecossistemas delicados. Além disso, o fabrico de papel é um empreendimento intensivo em termos de recursos, consumindo grandes quantidades de água, energia e produtos químicos, ao mesmo tempo que emite poluentes para o ar e para os cursos de água.

No entanto, é talvez o espetro dos resíduos de papel que mais se aproxima do horizonte. Num mundo caracterizado por um consumismo desenfreado e uma cultura do descartável, o papel representa uma fração significativa dos resíduos sólidos urbanos. Desde documentos de escritório descartados a materiais de embalagem, o percurso do papel culmina frequentemente em aterros sanitários cheios, onde a sua decomposição contribui para as emissões de gases com efeito de estufa e para a degradação ambiental.

A promessa da reutilização de papel

No meio das sombras da preocupação ambiental, surge um farol de esperança - uma visão de sustentabilidade e de reutilização criativa que contém a chave para desbloquear um futuro mais brilhante. Entre no reino da reutilização do papel - uma mudança de paradigma que nos desafia a reimaginar o papel não como um bem descartável, mas como um recurso valioso pronto a ser reinventado.

No ato de reutilizar o papel reside a promessa de mitigação - uma oportunidade para desviar grandes quantidades de resíduos dos aterros e dar nova vida a materiais outrora destinados à obscuridade. Ao aproveitarmos o nosso engenho coletivo e a nossa capacidade de criação de recursos, podemos transformar o papel deitado fora numa tela para a criatividade, num recipiente para a inovação e num símbolo do nosso empenho na gestão ambiental.

Bem-vindo à "Renascença do Papel"

E assim, caro leitor, damos-lhe as mais sinceras boas-vindas à "Renascença do Papel". Nas páginas deste livro, embarcará numa viagem de descoberta - uma viagem que celebra o potencial transformador da reutilização do papel e o capacita para se tornar um agente de mudança no seu próprio canto do mundo.

Desde os prazeres simples da elaboração de cartões feitos à mão até à arte intrincada da escultura em papel, existe uma grande quantidade de inspiração à espera de ser descoberta. Juntos, vamos abraçar o desafio da situação difícil do papel e embarcar numa viagem de criatividade, sustentabilidade e renovação.

Bem-vindo à "Renascença do Papel" - onde cada folha de papel contém a promessa de um futuro mais brilhante e mais sustentável.

Capítulo 1 - Noções básicas sobre a reutilização de papel

No domínio da reutilização de papel, compreender os fundamentos é fundamental para libertar todo o potencial desta prática sustentável. Este capítulo serve como um guia fundamental, equipando-o com os conhecimentos e ferramentas necessários para embarcar na sua viagem de reutilização criativa. Desde a identificação dos tipos de papel adequados até à aquisição das ferramentas essenciais e à garantia de segurança nos seus trabalhos manuais, vamos aprofundar os princípios básicos da reutilização de papel.

Tipos de papel adequados para reutilização

Nem todo o papel é igual quando se trata de reutilização. Algumas variedades prestam-se mais facilmente à criação e reutilização, enquanto outras podem apresentar desafios ou limitações. Compreender as características dos diferentes tipos de papel é essencial para selecionar materiais que estejam de acordo com a sua visão criativa. Aqui estão alguns exemplos de tipos de papel adequados para reutilização:

1.   **Papel de escritório**: O papel de escritório liso, branco ou colorido, é uma opção versátil para uma vasta gama de projectos de artesanato. A sua superfície lisa é ideal para escrever, desenhar e imprimir, tornando-o adequado para criar cadernos, cartões de felicitações e trabalhos manuais.

2.   **Cartão**: Robusto e durável, o cartão é uma excelente escolha para projectos estruturais, como caixas, organizadores e elementos decorativos. A sua espessura e rigidez proporcionam estabilidade, enquanto a sua superfície castanha ou de papel kraft confere um encanto rústico às criações acabadas.

3.   **Jornal**: Com a sua textura fina e leve, o jornal oferece uma estética única para projectos de papier-mâché, colagem e decoupage. A sua natureza absorvente torna-o ideal para a criação de contas de papel, tigelas e outras formas esculturais.

4.	**Revistas**: As revistas brilhantes são fontes ricas de imagens coloridas e papel texturizado que podem ser reutilizadas para colagem, arte de meios mistos e fabrico de jóias. Os seus gráficos vibrantes acrescentam interesse visual a qualquer projeto, enquanto as suas diferentes gramagens de papel oferecem versatilidade na criação.

5.	**Papel de embrulho**: Os restos de papel de embrulho dos presentes podem ser reutilizados em elementos decorativos para scrapbooking, fabrico de cartões e etiquetas para presentes. Os seus padrões e cores festivos dão um toque caprichoso às criações feitas à mão, tornando-o um recurso valioso para os artesãos.

Ao familiarizar-se com as propriedades destes e de outros tipos de papel, pode tomar decisões informadas ao selecionar materiais para os seus projectos de reutilização, garantindo resultados óptimos e minimizando os resíduos.

Ferramentas e materiais necessários para trabalhos manuais em papel

Equipar-se com as ferramentas e materiais correctos é essencial para o sucesso do trabalho em papel. Desde o essencial básico até ao equipamento especializado, eis alguns itens que deve considerar adicionar ao seu arsenal de trabalhos manuais:

1.	**Ferramentas de corte**: Tesouras afiadas, facas de artesanato e cortadores de papel são essenciais para cortar papel com precisão e exatidão. Escolha ferramentas adequadas às suas técnicas e projectos de artesanato preferidos.

2.	**Colas**: Uma variedade de colas, incluindo cola em bastão, cola líquida, fita-cola de dupla face e pontos de cola, são indispensáveis para montar projectos em papel e colar enfeites.

3.   **Réguas e tapetes de corte**: As réguas e os tapetes de corte proporcionam uma superfície estável para medir e cortar papel, garantindo arestas limpas e dimensões exactas nas suas criações.

4.   **Enfeites**: Os enfeites como autocolantes, carimbos, fitas e botões dão um toque decorativo aos trabalhos manuais em papel, permitindo-lhe personalizar os seus projectos e expressar a sua criatividade.

5.   **Máquinas de estampagem e de corte e vinco**: Para técnicas mais avançadas de artesanato em papel, considere investir em máquinas de estampagem e de corte e vinco, que lhe permitem criar desenhos e texturas complexas com facilidade.

6.   **Papéis decorativos e cartolina**: Abasteça-se de uma variedade de papéis decorativos, cartolinas e papéis especiais em diferentes cores, padrões e texturas para melhorar os seus projectos de artesanato.

7.   **Tintas, marcadores e tintas**: As tintas para aguarela, os marcadores e as almofadas de tinta são ferramentas versáteis para adicionar cor e enfeites aos trabalhos manuais em papel, permitindo-lhe personalizar as suas criações de acordo com a sua visão artística.

À medida que explora o mundo do artesanato em papel, pode descobrir ferramentas e materiais adicionais que vão ao encontro dos seus interesses e preferências específicos. A experimentação é a chave para encontrar a combinação perfeita de materiais que inspiram e fortalecem as suas actividades criativas.

Conselhos de segurança para projectos em papel

Embora o artesanato em papel seja um passatempo gratificante e agradável, é essencial dar prioridade à segurança para evitar acidentes e ferimentos. Eis algumas dicas de segurança a ter em conta quando se dedicar a projectos em papel:

1.   **Utilizar ferramentas afiadas com cuidado**: Tenha cuidado ao utilizar ferramentas de corte afiadas, como tesouras e facas de artesanato.

Corte sempre longe do seu corpo e mantenha os dedos afastados do caminho de corte para evitar acidentes.

2. **Guardar as ferramentas em segurança**: Guarde as ferramentas de corte e outros objectos afiados num recipiente ou organizador designado para evitar ferimentos e mantê-los fora do alcance de crianças e animais de estimação.

3. **Ventilar as áreas de trabalho**: Quando utilizar colas, tintas ou outros produtos químicos nos seus projectos de artesanato, assegure uma ventilação adequada na sua área de trabalho para minimizar a exposição a fumos e partículas em suspensão no ar.

4. **Equipamento de proteção**: Considere usar equipamento de proteção, como luvas ou óculos de proteção, quando manusear materiais que possam causar irritação ou reacções alérgicas, como colas ou certos tipos de papel.

5. **Limpar imediatamente os derrames**: Os derrames acidentais de colas, tintas ou outros líquidos devem ser limpos imediatamente para evitar escorregadelas, quedas e danos nas superfícies.

6. **Supervisionar as crianças**: Se estiver a fazer trabalhos manuais com crianças, supervisione de perto as suas actividades e forneça ferramentas e materiais adequados à idade. Informe-as sobre as práticas de segurança e incentive um comportamento responsável.

Se seguir estas directrizes de segurança e tiver cuidado nos seus esforços de fabrico de papel, pode desfrutar de uma experiência criativa segura e gratificante, minimizando o risco de acidentes e ferimentos.

Ao dominar os princípios básicos da reutilização de papel - desde a seleção de materiais adequados até à aquisição de ferramentas essenciais e à garantia de segurança - está a lançar as bases para uma viagem gratificante e sustentável de criatividade e inovação. Munido de conhecimentos e equipado com os recursos certos, está pronto para embarcar num caminho de expressão artística e gestão ambiental, onde cada folha de papel contém a promessa de transformação.

Capítulo 2 - Ideias de reutilização simples e práticas

Neste capítulo, exploramos a beleza da simplicidade na reutilização de papel - transformando materiais do quotidiano em criações funcionais e encantadoras. Desde a reutilização de restos de papel em cadernos personalizados até à adição de um toque especial aos presentes com papel de embrulho feito à mão, estes projectos oferecem formas acessíveis e práticas de infundir sustentabilidade na sua vida quotidiana. Vamos mergulhar no reino das ideias de reutilização simples e práticas, onde o engenho se encontra com a capacidade de dar uma nova vida ao papel.

Cadernos e diários DIY

Uma das formas mais agradáveis de reutilizar papel é criar os seus próprios cadernos e diários DIY. Quer seja para anotar pensamentos, esboçar ideias ou manter um registo das tarefas diárias, os cadernos feitos à mão dão um toque pessoal à sua experiência de escrita. Eis como começar:

1. **Recolha de materiais**: Recolha restos de papel, calendários antigos, páginas de revistas ou qualquer outro papel que tenha à mão. Também vai precisar de cartão ou cartolina para as capas, uma régua, uma tesoura e uma agulha e linha para encadernar.

2. **Cortar o papel à medida**: Corte o papel com o tamanho pretendido para as páginas do caderno. Os tamanhos mais comuns incluem A5 (metade de A4) ou 5x7 polegadas. Empilhe o papel ordenadamente, certificando-se de que as margens estão alinhadas.

3. **Criar capas**: Corte dois pedaços de cartão ou cartolina ligeiramente maiores do que o papel cortado. Decore as capas com tecido, papel decorativo ou o seu próprio trabalho artístico para dar um toque personalizado.

4. **Montar as páginas**: Dobre a pilha de papel cortado ao meio para criar as páginas do seu caderno. Coloque as páginas dobradas entre

as capas, certificando-se de que estão alinhadas de forma homogénea.

5. **Encadernar o caderno**: Utilizando uma agulha e linha, costure ao longo da borda dobrada das páginas para as prender às capas. Pode utilizar um ponto de sela simples ou experimentar padrões de costura decorativos para dar um toque especial.

6. **Cortar o excesso de linha**: Corte o excesso de linha da encadernação e arrume as margens do caderno. O seu caderno DIY está agora pronto a ser utilizado!

Ao reutilizar restos de papel e adicionar o seu próprio toque criativo, pode criar cadernos únicos e ecológicos que são tão práticos como encantadores.

Embrulho de presente personalizado

Eleve a arte de oferecer presentes criando papel de embrulho personalizado a partir de materiais reutilizados. Esta prática não só reduz o desperdício, como também dá um toque sincero aos seus presentes. Eis como criar o seu próprio papel de embrulho personalizado:

1. **Selecionar o papel**: Reúna uma variedade de materiais de papel, como jornais, papel kraft castanho ou mesmo mapas e partituras antigas. Estes materiais servirão de base para o seu papel de embrulho.

2. **Embelezar com carimbos**: Utilize carimbos de borracha e almofadas de tinta para adicionar padrões ou motivos decorativos ao papel. Seja criativo com formas geométricas, desenhos florais ou mensagens personalizadas para se adequar à ocasião.

3. **Adicione mensagens escritas à mão**: Personalize ainda mais o papel de embrulho escrevendo à mão mensagens ou rabiscos diretamente no papel. Utilize canetas ou marcadores metálicos para dar um toque festivo que se destaca do fundo.

4. **Enfeite com fita ou cordel**: Complete o visual atando o presente embrulhado com fita, fio ou restos de tecido. Incorpore elementos naturais, como flores secas ou folhagem, para dar um toque especial.

5. **Enfeites opcionais**: Para um toque extra especial, enfeite o seu presente com etiquetas feitas à mão, ornamentos em miniatura ou outros enfeites que reflictam os interesses ou a personalidade do destinatário.

Ao reutilizar o papel e adicionar toques atenciosos, pode criar presentes lindamente embrulhados que transmitem o seu cuidado e consideração tanto pelo destinatário como pelo planeta.

Cartões e envelopes feitos à mão

Nada diz "Eu gosto" como um cartão feito à mão, e o papel reutilizado é a tela perfeita para as suas mensagens sinceras. Quer seja para aniversários, feriados ou ocasiões especiais, os cartões feitos à mão dão um toque pessoal que será certamente apreciado. Eis como criar o seu próprio cartão:

1. **Escolha o papel**: Seleccione papel resistente ou cartolina para a base do seu cartão. Reutilize cartões de felicitações antigos, papel de álbum de recortes ou embalagens de cartão para obter texturas e padrões únicos.

2. **Dobrar a base do cartão**: Dobre o papel ao meio para criar a base do seu cartão. Certifique-se de que as margens estão bem alinhadas e vinque a dobra com firmeza.

3. **Decorar a frente do cartão**: Seja criativo ao decorar a frente do seu cartão. Utilize marcadores, lápis de cor, tinta ou técnicas de colagem para adicionar imagens, padrões ou mensagens adequadas à ocasião.

4. **Adicionar mensagem personalizada**: Abra o cartão e escreva uma mensagem personalizada no interior utilizando uma caneta ou um

marcador. Expresse os seus sentimentos com sinceridade e calor, para que o destinatário saiba o quanto ele significa para si.

5. **Criar um envelope a condizer**: Para completar o conjunto, reutilize restos de papel ou envelopes velhos para criar um envelope a condizer para o seu cartão feito à mão. Trace a forma do cartão no papel, recorte-o e dobre-o ao longo das bordas para criar a forma do envelope. Feche com fita adesiva ou fita washi decorativa.

6. **Decorar o envelope**: Dê um toque pessoal ao envelope, decorando-o com selos, autocolantes ou desenhos feitos à mão. Enderece o envelope com cuidado e coloque o porte postal conforme necessário.

Ao criar cartões e envelopes feitos à mão a partir de materiais reutilizados, não só reduz os resíduos como também acrescenta um elemento pessoal e atencioso aos seus cumprimentos e votos de felicidades.

Ao abraçar ideias de reutilização simples e práticas, como cadernos e diários DIY, embrulhos de presentes personalizados e cartões e envelopes feitos à mão, não só dá largas à sua criatividade como também contribui para uma forma de vida mais sustentável. Estes projectos servem como lembretes tangíveis de que, com um pouco de engenho e de recursos, os materiais do quotidiano podem ser transformados em tesouros estimados, uma folha de papel de cada vez.

Capítulo 3- Trabalhos manuais criativos em papel

Bem-vindo ao vibrante mundo do artesanato criativo em papel, onde a imaginação não conhece limites e cada dobra, corte e colagem conta uma história. Neste capítulo, exploramos as diversas e expressivas possibilidades do papel como meio de expressão artística. Desde a antiga arte do origami até às maravilhas tácteis do papel maché e às narrativas visuais da colagem e do scrapbooking, vamos embarcar numa viagem de criatividade e exploração através do mundo do artesanato criativo em papel.

Origami e técnicas de dobragem de papel

Origami, a arte japonesa de dobrar papel, oferece uma mistura cativante de precisão e poesia - um testemunho do poder transformador de uma única folha de papel. Através de uma série de dobras e vincos intrincados, os artistas de origami dão vida a formas geométricas, animais e criaturas fantásticas. Eis como começar a fazer origami:

1. **Dobras para principiantes**: Comece com desenhos simples de origami, como um grou de papel, um sapo ou um barco. Estas dobras básicas introduzem-no aos princípios do origami e ajudam-no a desenvolver a sua técnica de dobragem.

2. **Siga as instruções**: Invista num livro de origami para principiantes ou encontre vídeos de instruções online para o guiar no processo de dobragem. Siga cuidadosamente as instruções passo a passo, prestando atenção a pormenores como as dobras em vale e em montanha.

3. **Experimente o papel**: O origami pode ser feito com uma variedade de tipos de papel, incluindo papel de origami tradicional, papel de impressora ou mesmo materiais reciclados. Experimente diferentes tamanhos, texturas e cores para ver como afectam o resultado final.

4. **Explorar desenhos avançados**: À medida que ganha confiança e habilidade, desafie-se com desenhos de origami mais complexos,

como origami modular ou tesselações. Estes padrões complexos oferecem infinitas oportunidades de expressão criativa.

5. **Partilhe as suas criações**: Mostre as suas criações de origami, exibindo-as em sua casa, oferecendo-as como presentes ou participando em exposições e workshops de origami. Celebre a beleza e a elegância desta forma de arte intemporal com os outros.

Quer seja um principiante ou um entusiasta experiente do origami, a prática meditativa da dobragem de papel oferece uma experiência criativa gratificante e enriquecedora que transcende as fronteiras culturais.

Projectos em papel machê

O papel machê, derivado do termo francês "papier-mâché" que significa "papel mastigado", é um meio versátil e tátil que convida à experimentação e à inovação. Ao combinar papel com cola e água, os artistas podem esculpir formas tridimensionais, desde máscaras e estatuetas a taças e piñatas. Veja como criar os seus próprios projectos de papel machê:

1. **Preparar os materiais**: Reúna jornal, cartão ou outros materiais de papel e corte-os em pequenas tiras ou pedaços. Também vai precisar de uma mistura de pasta feita de farinha ou cola e água, bem como de uma forma base, como um balão, uma armação de arame ou uma armadura de cartão.

2. **Aplicar a pasta**: Mergulhe cada tira de papel na mistura de pasta, certificando-se de que está completamente saturada, mas não a pingar. Retire o excesso de pasta passando a tira entre os dedos e, em seguida, aplique-a na forma de base em camadas sobrepostas.

3. **Construir camadas**: Continue a colocar tiras de papel e pasta na forma de base, alisando as rugas e as bolhas de ar à medida que avança. Construa várias camadas para obter resistência e durabilidade, permitindo que cada camada seque antes de adicionar a seguinte.

4. **Dar forma e esculpir**: Quando o papel machê estiver completamente seco, pode começar a dar forma e esculpir o seu projeto com uma tesoura, lixa ou outras ferramentas. Acrescente detalhes como traços faciais, textura ou elementos decorativos para dar vida à sua criação.

5. **Pintar e dar acabamento**: Quando estiver satisfeito com a forma e a textura do seu projeto de papel maché, pinte-o com tintas acrílicas ou de têmpera para lhe dar cor e personalidade. Sele a superfície com um verniz ou selante transparente para a proteger e aumentar a sua longevidade.

Desde máscaras extravagantes a esculturas complexas, o papel machê oferece infinitas possibilidades de exploração artística e auto-expressão. Deixe a sua imaginação voar enquanto dá vida às suas criações em papel machê.

Colagens artísticas e álbuns de recortes

A colagem e o scrapbooking são formas de arte que celebram a beleza do papel em todas as suas formas - texturas, cores, padrões e palavras. Através da disposição e colocação em camadas de vários elementos de papel, os artistas podem criar narrativas visuais que evocam memórias, emoções e histórias. Eis como criar as suas próprias colagens artísticas e páginas de livros de recortes:

1. **Recolha de materiais**: Recolha uma variedade de materiais de papel, tais como recortes de revistas, fotografias, papéis decorativos, coisas efémeras e objectos encontrados. Estes materiais servirão como blocos de construção para as suas páginas de colagem ou de livro de recortes.

2. **Escolha um tema ou estado de espírito**: Decida um tema ou estado de espírito para o seu projeto de colagem ou álbum de recortes. Quer se trate de um diário de viagem, um álbum de família

ou a exploração de uma paleta de cores específica, ter um conceito claro orientará o seu processo criativo.

3. **Organizar e dispor em camadas**: Experimente dispor e colocar em camadas diferentes elementos de papel numa tela em branco ou numa página de álbum de recortes. Brinque com a composição, escala e textura para criar interesse visual e profundidade.

4. **Adicionar enfeites**: Melhore a sua colagem ou página de álbum de recortes com adornos adicionais, como autocolantes, carimbos, fita washi, fitas ou restos de tecido. Estes elementos podem dar dimensão e personalidade à sua composição.

5. **Contar uma história**: Utilize a sua colagem ou página de álbum de recortes para contar uma história, evocar um estado de espírito ou captar um momento no tempo. Incorpore notas escritas à mão, citações ou legendas para acrescentar contexto e significado à sua obra de arte.

6. **Experimentar e explorar**: Não tenha receio de experimentar diferentes técnicas e estilos nos seus projectos de colagem ou de livros de recortes. Permita-se brincar, explorar e deixar a sua criatividade fluir livremente.

Quer esteja a criar um diário visual das aventuras da sua vida ou a elaborar uma prenda sentida para um ente querido, a colagem e o scrapbooking oferecem uma forma única e pessoal de preservar memórias e de se expressar através do papel.

Ao explorar as diversas e expressivas possibilidades do artesanato criativo em papel, como o origami, o papel maché, a colagem e o scrapbooking, abre-se a um mundo de criatividade e exploração artística sem limites. Desde a prática meditativa de dobrar papel em formas complexas até às alegrias tácteis de esculpir formas tridimensionais, o papel torna-se um meio através do qual pode expressar a sua imaginação, partilhar as suas histórias e celebrar a beleza dos materiais do dia a dia. Por isso, junte o seu papel, a sua cola e a sua tesoura e vamos embarcar numa viagem de descoberta criativa através da arte do artesanato em papel.

Capítulo 4- Artigos de decoração e funcionais

Neste capítulo, exploramos a intersecção entre a criatividade e a funcionalidade, onde o papel se transforma em objectos decorativos e soluções práticas para a casa. Desde grinaldas de papel extravagantes a caixas de arrumação recicladas e jóias de contas de papel complexas, estes projectos oferecem uma deliciosa mistura de beleza e utilidade. Vamos mergulhar no mundo da decoração e dos artigos funcionais feitos de papel, onde os materiais do quotidiano ganham uma nova vida e um novo propósito.

Grinaldas de papel decorativas

As grinaldas de papel são uma forma encantadora e versátil de dar um toque sazonal ou de elegância quotidiana à decoração da sua casa. Quer adornem a porta da frente, a lareira ou a parede, estas criações extravagantes servem como símbolos acolhedores de calor e hospitalidade. Eis como criar as suas próprias grinaldas de papel decorativas:

1. **Recolha de materiais**: Recolha uma variedade de materiais de papel, como cartolina, papel de álbum de recortes, páginas de livros ou mesmo materiais reciclados, como páginas de jornais ou revistas. Também vai precisar de uma base para a coroa de flores, como um anel de espuma ou uma armação de arame, e adesivo.

2. **Cortar tiras ou formas de papel**: Corte os materiais de papel em tiras, quadrados ou outras formas à sua escolha. Experimente cores, padrões e texturas diferentes para criar interesse visual e dimensão na sua coroa de flores.

3. **Colocar o papel na base da grinalda**: Utilizando adesivo, fixe as tiras ou formas de papel à base da grinalda, colocando-as em camadas e sobrepondo-as como desejar. Pode dispor os elementos de papel num padrão uniforme ou criar um design mais orgânico e caprichoso.

4. **Adicionar enfeites**: Melhore a sua grinalda de papel com enfeites adicionais, como fitas, flores de tecido, botões ou vegetação falsa. Estes pormenores podem dar profundidade e personalidade à sua criação, reflectindo o seu próprio estilo e estética únicos.

5. **Pendurar e exibir**: Quando a sua grinalda de papel estiver concluída, pendure-a na porta de entrada, por cima da lareira ou em qualquer outro local da sua casa que precise de um toque de encanto decorativo. Admire o seu trabalho manual e desfrute do ambiente festivo que traz ao seu espaço.

Das flores vibrantes da primavera às folhas rústicas do outono, as grinaldas de papel oferecem infinitas oportunidades de expressão criativa e decoração sazonal. Deixe a sua imaginação florescer enquanto cria as suas próprias grinaldas de papel únicas para adornar a sua casa.

Caixas de arrumação de papel reciclado

Transforme a desordem em soluções de arrumação elegantes com caixas de arrumação de papel reciclado. Ao reutilizar caixas de cartão e materiais de papel, pode criar recipientes elegantes e funcionais para organizar artigos domésticos, material de escritório ou material de artesanato. Eis como fazer as suas próprias caixas de arrumação de papel reciclado:

1. **Selecionar caixas**: Reúna caixas de cartão de vários tamanhos e formas, tais como caixas de sapatos, caixas de cereais ou caixas de transporte. Escolha caixas com uma construção robusta e superfícies limpas para obter melhores resultados.

2. **Cobrir com papel**: Meça e corte papel ou tecido decorativo para se ajustar à superfície da caixa, deixando uma ligeira sobreposição nos bordos. Aplique cola na parte de trás do papel e alise-o cuidadosamente sobre a caixa, assegurando uma vedação firme e um acabamento suave.

3. **Criar divisórias (opcional)**: Se desejar, crie divisórias dentro da caixa utilizando cartão adicional ou placa de espuma cortada à

medida. Cubra as divisórias com papel ou tecido a condizer para coordenar com o exterior da caixa.

4. **Adicionar etiquetas (opcional)**: Melhore a funcionalidade das suas caixas de arrumação adicionando etiquetas para identificar o seu conteúdo. Utilize etiquetas adesivas, etiquetas de papel ou autocolantes decorativos para etiquetar cada caixa de acordo com o seu conteúdo ou utilização pretendida.

5. **Empilhar e organizar**: Quando as suas caixas de arrumação de papel reciclado estiverem completas, empilhe-as ordenadamente nas prateleiras, nos armários ou debaixo das camas para maximizar o espaço e manter os seus pertences organizados e acessíveis. Desfrute da satisfação de uma casa sem desordem e de soluções de arrumação com estilo.

De elegantes e modernas a rústicas e encantadoras, as caixas de arrumação de papel reciclado oferecem possibilidades infinitas para personalizar as suas soluções de arrumação. Transforme caixas de cartão vulgares em elementos decorativos que não só arrumam o seu espaço, como também reflectem o seu sentido único de estilo e criatividade.

Bijuteria com contas de papel

Eleve o nível dos seus acessórios com jóias de contas de papel feitas à mão - uma alternativa sustentável e elegante aos materiais de jóias tradicionais. Enrolando tiras de papel em missangas e selando-as com adesivo, pode criar colares, pulseiras, brincos e muito mais. Eis como fazer as suas próprias jóias com contas de papel:

1. **Recolha de materiais**: Recolha materiais de papel, como páginas de revistas, papel de álbum de recortes ou papel de embrulho decorativo. Também precisará de tesouras, adesivo, palitos de dentes ou espetos de bambu e acessórios para jóias, como argolas, fechos e ganchos para brincos.

2. **Cortar as tiras de papel**: Corte os materiais de papel em tiras compridas e estreitas de largura uniforme. A largura e o

comprimento das tiras determinarão o tamanho e a forma das suas pérolas de papel, por isso experimente diferentes dimensões para obter o aspeto desejado.

3. **Enrolar as pérolas**: Começando numa extremidade de uma tira de papel, enrole firmemente o papel à volta de um palito ou de um espeto de bambu, aplicando adesivo ao longo da extremidade para fixar a pérola no lugar. Continue a enrolar até que toda a tira esteja enrolada à volta do palito, depois deslize a conta para fora e deixe-a secar.

4. **Selar as pérolas (opcional)**: Para maior durabilidade e resistência à água, considere selar as suas pérolas de papel com um selante ou verniz transparente. Isto protegerá o papel da humidade e do desgaste, garantindo que as suas jóias durem muitos anos.

5. **Montar jóias**: Quando as contas de papel estiverem secas e seladas, enfie-as em arame, fio ou corrente para criar colares, pulseiras ou brincos. Acrescente contas, amuletos ou achados adicionais para personalizar as suas jóias e melhorar o seu aspeto estético.

6. **Usar e desfrutar**: Adorne-se com as suas jóias de contas de papel feitas à mão e divirta-se com os elogios e a admiração que elas suscitam. Abrace a elegância ecológica das jóias de papel e use o seu estilo sustentável com orgulho.

Desde colares arrojados a brincos delicados, as bijutarias com missangas de papel oferecem uma forma versátil e ecológica de complementar o seu guarda-roupa. Deixe a sua criatividade brilhar enquanto experimenta cores, padrões e formas de contas para criar os seus próprios designs exclusivos de jóias com contas de papel.

Ao explorar o mundo da decoração da casa e dos objectos funcionais feitos de papel, desbloqueia um tesouro de possibilidades criativas que combinam beleza e utilidade. Desde grinaldas de papel decorativas que dão as boas-vindas aos convidados com calor e charme a caixas de arrumação recicladas que organizam o seu espaço com estilo, e a jóias com contas de papel que acrescentam um toque de elegância ecológica à sua coleção de acessórios, estes projectos mostram o poder transformador do papel no domínio da vida quotidiana. Por isso, arregace as mangas, reúna os seus materiais de papel e vamos embarcar numa viagem de criatividade e inovação através da arte do artesanato em papel para a casa.

Capítulo 5- Utilizações pedagógicas do papel reutilizado

Neste capítulo, exploramos o papel inestimável do papel reutilizado na educação, onde a criatividade se encontra com a aprendizagem e a sustentabilidade se torna uma lição em si mesma. Desde ferramentas de aprendizagem interactivas para crianças até ao ensino da sustentabilidade através de trabalhos manuais e à incorporação de papel reutilizado em projectos escolares e decorações de sala de aula, estas iniciativas não só promovem uma compreensão mais profunda da responsabilidade ambiental, como também inspiram os alunos a tornarem-se administradores do planeta. Vamos aprofundar o potencial educativo do papel reutilizado e o seu impacto transformador na sala de aula.

Ferramentas de aprendizagem interactivas para crianças

O papel reutilizado oferece uma tela versátil para a criação de ferramentas de aprendizagem interactivas que envolvem e inspiram as mentes jovens. Desde jogos educativos e puzzles a cartões de memória e livros de histórias, estes recursos práticos oferecem oportunidades de aprendizagem experimental e desenvolvimento de competências. Eis como incorporar papel reutilizado em ferramentas de aprendizagem interactivas para crianças:

1. **Flashcards "faça você mesmo"**: Corte papel reciclado em pequenos cartões e utilize-os para criar flashcards para praticar palavras do vocabulário, factos matemáticos ou factos históricos. Adicione ilustrações ou fotografias coloridas para melhorar a aprendizagem visual e incentivar a participação ativa.

2. **Jogos educativos**: Reutilize materiais de papel para criar jogos de tabuleiro, jogos de memória ou caças ao tesouro que reforcem os objectivos de aprendizagem de uma forma divertida e interactiva. Inclua questionários, perguntas triviais ou desafios para testar os conhecimentos e as capacidades de pensamento crítico dos alunos.

3. **Aventuras em livros de histórias**: Transforme papel reciclado em livros de histórias ou bandas desenhadas que despertem a imaginação e promovam as competências de literacia. Incentive os alunos a escrever e ilustrar as suas próprias histórias ou a recontar contos conhecidos utilizando papel reutilizado como suporte.

4. **Actividades STEM**: Explore os princípios da ciência, tecnologia, engenharia e matemática (STEM) através de actividades e experiências práticas utilizando materiais de papel reciclado. Construa aviões de papel para estudar a aerodinâmica, construa pontes de papel para testar conceitos de engenharia estrutural ou crie circuitos de papel para aprender sobre eletricidade e circuitos.

Ao aproveitar o potencial criativo do papel reutilizado, os educadores podem inspirar o gosto pela aprendizagem e pela gestão ambiental nos jovens alunos, preparando o terreno para uma vida inteira de curiosidade e exploração.

Ensinar a sustentabilidade através do artesanato

A produção de trabalhos manuais com papel reutilizado constitui uma forma tangível de ensinar aos alunos a sustentabilidade e a importância de reduzir, reutilizar e reciclar recursos. Através de actividades práticas e projectos criativos, os alunos adquirem uma compreensão mais profunda das questões ambientais e aprendem formas práticas de causar um impacto positivo. Eis como ensinar a sustentabilidade através de trabalhos manuais utilizando papel reutilizado:

1. **Projectos de Arte Reciclada**: Desafie os alunos a criar trabalhos artísticos utilizando materiais de papel reciclado, como jornais, revistas ou cartão. Incentive-os a explorar diferentes técnicas e estilos artísticos, ao mesmo tempo que realça a importância da conservação de recursos e da redução de resíduos.

2. **Workshops de fabrico de papel**: Organize workshops de fabrico de papel onde os alunos aprendem a transformar restos de papel reciclado em papel feito à mão. Proporcione oportunidades de

experimentação com textura, cor e aditivos, como pétalas de flores ou sementes, para criar criações de papel únicas e ecológicas.

3. **Trabalhos manuais em papel reciclado**: Inspire os alunos a reutilizar materiais de papel descartados em objectos funcionais e decorativos, tais como marcadores de livros, cartões de felicitações ou contas de papel. Incentive a criatividade e a inovação à medida que os alunos exploram formas de dar nova vida a papel velho.

4. **Campanhas de educação ambiental**: Capacite os alunos para sensibilizarem para as questões ambientais através de campanhas educativas centradas no papel reutilizado. Organize eventos como campanhas de reciclagem de papel, limpezas de lixo ou iniciativas de plantação de árvores para incutir um sentido de responsabilidade ambiental e envolvimento da comunidade.

Ao integrar os princípios de sustentabilidade em experiências práticas de elaboração, os educadores podem promover uma cultura de consciência ambiental e capacitar os alunos para se tornarem agentes de mudança positiva nas suas comunidades e não só.

Projectos escolares e decorações para salas de aula

O papel reutilizado é um recurso versátil para projectos escolares e decorações de salas de aula, permitindo aos educadores criar ambientes de aprendizagem vibrantes e amigos do ambiente. Desde instalações artísticas colaborativas a exposições temáticas e cartazes educativos, o papel reutilizado dá um toque de criatividade e sustentabilidade a todos os cantos da sala de aula. Eis como incorporar o papel reutilizado em projectos escolares e decorações de sala de aula:

1. **Exposições temáticas**: Utilize materiais de papel reciclado para criar expositores temáticos que complementem os tópicos do currículo e despertem o interesse dos alunos. Decore quadros de avisos com margens de papel reciclado, crie linhas de tempo ou mapas ilustrados ou apresente trabalhos artísticos dos alunos centrados num tema específico ou numa unidade de estudo.

2. **Recursos criados pelos alunos**: Incentive os alunos a contribuir para a decoração da sala de aula, criando os seus próprios recursos educativos utilizando papel reutilizado. Atribua projectos como a conceção de cartazes informativos, a ilustração de muros de palavras de vocabulário ou a criação de murais de colaboração que reforcem os objectivos de aprendizagem e promovam um sentido de propriedade no ambiente da sala de aula.

3. **Decorações sazonais**: Celebre os feriados e eventos sazonais com decorações ecológicas feitas de materiais de papel reutilizados. Crie correntes de papel, grinaldas ou ornamentos utilizando restos de papel reciclado, ou conceba exposições temáticas que realcem tradições culturais, figuras históricas ou fenómenos científicos relacionados com a estação.

4. **Campanhas de sensibilização ambiental**: Sensibilizar para as questões ambientais através de exposições e campanhas na sala de aula que realcem a importância da sustentabilidade e da redução de resíduos. Criar infografias, tabelas ou gráficos visuais utilizando papel reutilizado para ilustrar conceitos como a pegada de carbono, a conservação da água ou as fontes de energia renováveis.

Ao incorporar papel reutilizado em projectos escolares e decorações de sala de aula, os educadores não só demonstram o seu compromisso com a sustentabilidade, como também proporcionam aos alunos oportunidades de aprendizagem prática e de expressão criativa num ambiente de apoio e inspiração.

Ao aproveitarem o potencial educativo do papel reutilizado, os educadores dão aos alunos a possibilidade de se tornarem cidadãos informados, empenhados e com consciência ambiental. Desde ferramentas de aprendizagem interactivas que cativam a imaginação dos jovens a projectos de artesanato que ensinam princípios de sustentabilidade e decorações de sala de aula que inspiram criatividade e colaboração, o papel reutilizado torna-se um meio poderoso para experiências de aprendizagem transformadoras. Ao adotar os princípios de reduzir, reutilizar e reciclar na sala de aula, os educadores preparam o caminho para um futuro mais verde e sustentável para as gerações vindouras.

Capítulo 6- Ideias de negócios ecológicos

Neste capítulo, exploramos a intersecção entre o empreendedorismo e a responsabilidade ambiental, onde ideias de negócio inovadoras vão ao encontro de objectivos de sustentabilidade. Desde o início de uma iniciativa de reciclagem de papel até à produção de artigos de papel feitos à mão com fins lucrativos e à promoção de práticas ecológicas no local de trabalho, estes empreendimentos empresariais amigos do ambiente demonstram o potencial de rentabilidade e de impacto positivo no planeta. Vamos mergulhar no domínio do empreendedorismo sustentável e descobrir como as empresas podem prosperar enquanto fazem a diferença para o ambiente.

Iniciar uma iniciativa de reciclagem de papel

O lançamento de uma iniciativa de reciclagem de papel representa uma oportunidade lucrativa para transformar resíduos em riqueza, contribuindo simultaneamente para os esforços de conservação ambiental. Ao recolher e processar materiais de papel reciclável, os empresários podem criar um modelo de negócio sustentável que beneficia tanto o planeta como o resultado final. Eis como iniciar uma iniciativa de reciclagem de papel:

1. **Pesquisa de mercado**: Realizar uma pesquisa de mercado para identificar a procura local de produtos de papel reciclado e avaliar a viabilidade de estabelecer um negócio de reciclagem de papel na sua área. Explore potenciais clientes, tais como escolas, empresas, agências governamentais e indivíduos que dão prioridade à sustentabilidade.

2. **Recolha e triagem**: Desenvolver um sistema de recolha e triagem de materiais de papel reciclável, incluindo papel de escritório, jornais, revistas, cartão e materiais de embalagem. Coloque caixotes de recolha ou estabeleça parcerias com empresas e organizações locais para recolher os resíduos de papel de forma eficiente.

3. **Processamento e reciclagem**: Investir em equipamento e maquinaria para processar e reciclar materiais de papel, tais como trituradores, despolpadores e máquinas de fabrico de papel. Implementar processos de reciclagem eficientes para converter os resíduos de papel recolhidos em produtos de papel reutilizáveis ou matérias-primas para revenda.

4. **Marketing e vendas**: Promova os seus serviços de reciclagem de papel junto de potenciais clientes através de esforços de marketing direccionados, incluindo marketing digital, campanhas nas redes sociais e eventos de networking. Destaque os benefícios ambientais da reciclagem de papel e enfatize a qualidade e a acessibilidade dos seus produtos de papel reciclado.

5. **Parcerias e colaborações**: Estabeleça parcerias com outras empresas, municípios e organizações ambientais para expandir o seu alcance e acesso a materiais de papel reciclável. Colabore com escolas locais ou grupos comunitários para aumentar a consciencialização sobre a importância da reciclagem de papel e incentivar a participação na sua iniciativa.

Ao estabelecer uma iniciativa de reciclagem de papel, os empresários podem criar um negócio sustentável que reduz os resíduos, conserva os recursos naturais e contribui para uma economia circular.

Artesanato com fins lucrativos: Venda de artigos de papel feitos à mão

A produção de artigos de papel feitos à mão oferece uma oportunidade de negócio criativa e lucrativa para empresários apaixonados pela sustentabilidade e pelo artesanato. Ao reutilizar materiais de papel reciclado em produtos únicos e ecológicos, tais como artigos de papelaria, cartões de felicitações, diários e artigos de decoração para a casa, os empresários podem aceder a um nicho de mercado de consumidores com consciência ambiental. Eis como vender artigos de papel feitos à mão para obter lucro:

1. **Desenvolvimento de produtos**: Desenvolver uma linha de produtos distintiva de artigos de papel feitos à mão que reflicta a identidade da sua marca, estilo estético e compromisso com a sustentabilidade. Experimente diferentes materiais de papel, técnicas e designs para criar produtos que se destaquem no mercado.

2. **Qualidade e artesanato**: Realce a qualidade e o artesanato dos seus artigos de papel feitos à mão para atrair clientes exigentes que valorizam a autenticidade e a atenção aos pormenores. Utilize materiais de papel reciclado de alta qualidade, tintas e corantes ecológicos e opções de embalagem sustentáveis para melhorar o atrativo dos seus produtos.

3. **Presença online**: Estabeleça uma presença online através de um sítio Web de comércio eletrónico, plataformas de redes sociais ou mercados online para apresentar e vender os seus produtos de papel feitos à mão a um público global. Invista em fotografias profissionais e descrições de produtos convincentes para atrair clientes e impulsionar as vendas.

4. **Parcerias de retalho**: Explore parcerias com boutiques locais, lojas de presentes, galerias e retalhistas amigos do ambiente para expandir os seus canais de distribuição e chegar a novos clientes. Consigne os seus artigos de papel feitos à mão ou negoceie acordos por grosso para vender os seus produtos em pontos de venda a retalho.

5. **Marketing e Branding**: Desenvolver uma estratégia de marca coesa que comunique os valores da sua marca, a sua história e o seu compromisso com a sustentabilidade. Utilize as redes sociais, o marketing por correio eletrónico, as parcerias com influenciadores e os eventos participativos, como feiras de artesanato e mercados de artesãos, para promover os seus produtos de papel feitos à mão e interagir com os clientes.

Ao fabricar e vender artigos de papel feitos à mão, os empresários podem transformar a sua paixão pela sustentabilidade e criatividade num negócio rentável que enriquece vidas e protege o planeta.

Promoção de práticas ecológicas no local de trabalho

As empresas têm a responsabilidade de minimizar a sua pegada ambiental e adotar práticas sustentáveis que protejam o planeta para as gerações futuras. Ao promover práticas ecológicas no local de trabalho, os empresários podem demonstrar a sua responsabilidade social, reduzir os custos operacionais e aumentar a moral e a produtividade dos funcionários. Eis como promover práticas ecológicas no local de trabalho:

1. **Eficiência energética**: Implementar medidas de eficiência energética, como a instalação de iluminação LED, termóstatos programáveis e aparelhos energeticamente eficientes, para reduzir o consumo de energia e diminuir as facturas de serviços públicos. Incentivar os funcionários a desligar as luzes, os computadores e outros dispositivos electrónicos quando não estiverem a ser utilizados para poupar energia.

2. **Redução de resíduos**: Estabelecer programas de reciclagem e compostagem para desviar os resíduos dos aterros e promover uma cultura de redução de resíduos e conservação de recursos. Disponibilizar caixotes de reciclagem para papel, plástico, vidro e materiais metálicos, e educar os funcionários sobre práticas correctas de separação e eliminação de resíduos.

3. **Alternativas reutilizáveis**: Substituir os artigos descartáveis de utilização única por alternativas reutilizáveis, tais como garrafas de água, canecas de café e utensílios reutilizáveis, para minimizar os resíduos e promover hábitos de consumo sustentáveis. Ofereça incentivos para que os funcionários utilizem produtos reutilizáveis, como descontos ou prémios por trazerem os seus próprios recipientes.

4. **Teletrabalho e trabalho à distância**: Incentivar as opções de teletrabalho e trabalho remoto para reduzir as emissões relacionadas com as deslocações e aliviar o congestionamento do tráfego. Implementar horários de trabalho flexíveis e ferramentas de colaboração à distância para apoiar as modalidades de trabalho à distância e reduzir a necessidade de deslocações diárias.

5. **Aquisição ecológica**: Obter material de escritório, mobiliário e equipamento amigos do ambiente, fabricados a partir de materiais reciclados ou de recursos sustentáveis certificados. Dar prioridade a fornecedores e vendedores que demonstrem um compromisso com a sustentabilidade e práticas comerciais éticas.

6. **Envolvimento dos funcionários**: Envolver os funcionários em iniciativas de sustentabilidade através da educação, formação e participação em programas e actividades ecológicas no local de trabalho. Permitir que os funcionários contribuam com ideias e feedback para melhorar as práticas de sustentabilidade e promover uma cultura de gestão ambiental.

Ao promoverem práticas ecológicas no local de trabalho, os empresários podem criar um ambiente empresarial mais sustentável e amigo do ambiente, que beneficia o planeta, os trabalhadores e os resultados finais.

Ao adotar ideias de negócio amigas do ambiente, tais como iniciar uma iniciativa de reciclagem de papel, fabricar artigos de papel feitos à mão com fins lucrativos e promover práticas ecológicas no local de trabalho, os empresários demonstram o seu empenho na sustentabilidade e na inovação. Ao utilizar materiais de papel reciclado e ao adotar práticas ambientalmente responsáveis, as empresas podem contribuir para um futuro mais verde e mais sustentável, ao mesmo tempo que prosperam num mercado competitivo. Vamos embarcar numa viagem de empreendedorismo que não só gera lucros, mas também tem um impacto positivo no planeta e na sociedade como um todo.

Capítulo 7 - Técnicas e projectos avançados

Bem-vindo ao reino do paper crafting avançado, onde a criatividade não conhece limites e o papel se torna um meio para a arte e inovação intrincadas. Neste capítulo, exploramos técnicas e projectos avançados que elevam a arte do paper crafting a novos patamares. Desde os padrões intrincados da tecelagem e texturização de papel até às formas esculturais da arte em papel e à arte intemporal da encadernação e restauro de papel, estes empreendimentos mostram as possibilidades ilimitadas do papel como um meio versátil e expressivo.

Tecelagem e texturização de papel

As técnicas de tecelagem e texturização de papel oferecem uma forma dinâmica de acrescentar profundidade, dimensão e interesse visual às suas criações em papel. Ao entrelaçar tiras de papel ou manipular a textura da superfície do papel, os artistas podem criar padrões complexos, superfícies tácteis e designs cativantes. Eis como explorar a tecelagem e a texturização de papel:

1. **Materiais e ferramentas**: Reúna uma variedade de materiais de papel, como cartolina, papel feito à mão, papel de seda e restos de papel reciclado. Também vai precisar de tesouras, réguas, adesivo e um tapete de corte para um corte preciso.

2. **Tecelagem básica**: Comece com padrões de tecelagem simples utilizando tiras de papel. Experimente diferentes técnicas de tecelagem, como a tecelagem por cima e por baixo, a tecelagem em cesto ou a tecelagem em sarja, para criar variações de textura e de padrões.

3. **Padrões avançados**: Explore padrões e desenhos de tecelagem mais complexos, como o xadrez, a espinha de peixe ou a trama de diamante. Combine diferentes cores, larguras e texturas de tiras de papel para criar composições visualmente impressionantes.

4. **Superfícies com textura**: Experimente técnicas para adicionar textura a superfícies de papel, tais como amassar, dobrar, gravar em relevo ou fazer distress. Utilize ferramentas como brayers, stylus ou placas texturadas para criar efeitos de superfície únicos que melhoram a qualidade tátil das suas criações em papel.

5. **Colagem de meios mistos**: Incorporar a tecelagem e a texturização de papel em projectos de colagem de meios mistos, combinando papel com outros materiais, como tecido, objectos encontrados ou elementos naturais. Coloque em camadas e sobreponha diferentes texturas e padrões para criar composições dinâmicas com profundidade e intriga visual.

Ao dominar a arte de tecer e texturizar o papel, os artistas podem elevar as suas criações em papel a novos níveis de complexidade e sofisticação, transformando o humilde papel em obras de arte que cativam os sentidos e inspiram a imaginação.

Criar esculturas de arte em papel

As esculturas de arte em papel oferecem uma mistura cativante de forma, textura e expressão, uma vez que os artistas manipulam o papel em formas e estruturas tridimensionais. Desde delicadas figuras de origami a intrincados designs de quilling de papel e criações arrojadas de papier-mâché, as esculturas em papel ultrapassam os limites do artesanato tradicional em papel e esbatem as linhas entre arte e artesanato. Eis como criar esculturas de arte em papel:

1. **Escolha a sua técnica**: Explore diferentes técnicas de escultura em papel, como o origami, o corte de papel, o quilling de papel, o papier-mâché ou a fundição de papel. Cada técnica oferece possibilidades únicas para criar formas tridimensionais e explorar a textura, a forma e a estrutura.

2. **Conceção e planeamento**: Esboce as suas ideias de design e planeie a construção da sua escultura em papel. Considere factores

como a escala, a proporção, o equilíbrio e a simetria ao visualizar a forma final da sua criação.

3. **Materiais e construção**: Seleccione materiais de papel adequados à técnica escolhida e à estética desejada. Experimente diferentes gramagens, texturas e cores de papel para obter o efeito desejado. Utilize adesivo, arame ou materiais de armadura para apoiar e reforçar a sua escultura, conforme necessário.

4. **Montagem e acabamento**: Monte os componentes da sua escultura de papel utilizando técnicas precisas de dobragem, corte ou modelação. Preste atenção aos pormenores e ao trabalho artesanal enquanto dá vida ao seu desenho. Acrescente toques finais como tinta, tinta ou enfeites para aumentar o impacto visual da sua escultura.

5. **Exposição e apresentação**: Exponha a sua escultura de arte em papel num local de destaque onde possa ser apreciada e admirada. Considere emoldurar ou montar a sua escultura para exposição, ou incorporá-la numa instalação maior ou numa obra de arte mista para maior impacto.

Ao explorar a arte da escultura em papel, os artistas podem ultrapassar os limites da sua criatividade e habilidade, transformando folhas planas de papel em formas tridimensionais dinâmicas e expressivas que cativam a imaginação e evocam ressonâncias emocionais.

Encadernação e restauro de papel

A encadernação e o restauro de papel são ofícios consagrados pelo tempo que preservam a beleza e a integridade de livros, manuscritos e outros artefactos em papel para as gerações futuras. Ao dominarem as técnicas de encadernação e conservação de papel, os artesãos podem dar nova vida a livros antigos, reparar documentos danificados e criar volumes encadernados personalizados que são funcionais e esteticamente agradáveis. Eis como se envolver na encadernação e no restauro de papel:

1. **Materiais e equipamento**: Reunir materiais e equipamento para encadernação e restauro de papel, incluindo ferramentas de encadernação, tais como pastas de osso, furadores, agulhas e linhas, bem como papel de qualidade de arquivo, colas e tecido ou couro para encadernação.

2. **Avaliação do documento**: Avaliar o estado do documento ou livro a restaurar, registando quaisquer danos, tais como páginas rasgadas, encadernações soltas ou manchas de água. Determinar as técnicas e materiais de restauro adequados com base nas necessidades específicas do item.

3. **Reparação e reforço**: Utilizar materiais e técnicas de qualidade de arquivo para reparar e reforçar papel danificado, como remendar rasgões com papel de seda japonês e pasta de amido de trigo, consolidar páginas frágeis com fita adesiva transparente ou reforçar encadernações com fio de linho ou algodão.

4. **Reencadernação e restauro**: Reencadernar o documento ou livro utilizando métodos tradicionais de encadernação, tais como assinaturas cosidas, encadernação em caixa ou encadernação por lombada. Escolher materiais de capa adequados, como tecido para livros, couro ou papel decorativo, para proteger e melhorar o aspeto do volume restaurado.

5. **Toques finais**: Acrescentar toques de acabamento, tais como ferramentas, relevo ou douramento à capa do livro restaurado para criar um aspeto profissional e polido. Pense em adicionar capas ou invólucros protectores de qualidade de arquivo para proteger o volume restaurado de mais danos.

Ao dominarem a arte da encadernação e do restauro de papel, os artesãos podem preservar o património cultural e o significado histórico de livros e documentos, garantindo que estes permanecem acessíveis

Capítulo 8 - Impacto na comunidade e no ambiente

Neste capítulo, exploramos o profundo impacto que o envolvimento da comunidade e a gestão ambiental podem ter na promoção de práticas sustentáveis e no fomento de uma cultura de conservação. Desde a organização de campanhas comunitárias de reciclagem de papel até à colaboração com artistas e artesãos locais, passando pela avaliação dos benefícios ambientais da reutilização, estas iniciativas demonstram o poder da ação colectiva na proteção do planeta e no reforço das comunidades. Vamos aprofundar o potencial transformador das iniciativas de impacto comunitário e ambiental.

Organização de campanhas comunitárias de reciclagem de papel

As acções comunitárias de reciclagem de papel constituem uma oportunidade valiosa para envolver os residentes em práticas sustentáveis e desviar os resíduos de papel dos aterros. Ao organizar eventos de recolha e ao educar a comunidade sobre a importância da reciclagem de papel, os organizadores podem promover a consciência ambiental e incentivar a participação nos esforços de reciclagem. Eis como organizar uma campanha de reciclagem de papel bem sucedida na comunidade:

1. **Planear e preparar**: Determine o âmbito e a logística da campanha de reciclagem, incluindo a data, o local e os materiais promocionais. Obtenha autorizações, permissões e parcerias com instalações de reciclagem locais ou agências de gestão de resíduos para garantir uma coordenação sem problemas.

2. **Promover e divulgar**: Utilize uma variedade de canais de marketing para promover a campanha de reciclagem e incentivar a participação da comunidade. Distribua folhetos, cartazes e publicações nas redes sociais para espalhar a palavra e envolva escolas, empresas e organizações comunitárias locais como parceiros de divulgação.

3. **Recolher materiais de papel**: Crie caixotes de recolha ou locais de entrega designados onde os residentes possam depositar os seus materiais de papel para reciclagem. Aceite uma vasta gama de produtos de papel, incluindo papel de escritório, jornais, revistas, cartão e embalagens de papel.

4. **Educar e informar**: Fornecer recursos educativos e informações aos participantes sobre a importância da reciclagem de papel, incluindo os seus benefícios ambientais e o processo de reciclagem. Ofereça dicas e directrizes para uma correcta separação e preparação do papel, de modo a maximizar a eficiência da reciclagem.

5. **Monitorizar e medir**: Acompanhar a quantidade de papel recolhido durante a campanha de reciclagem e monitorizar as taxas de participação. Medir o impacto ambiental da campanha, como a quantidade de papel desviado dos aterros e a redução das emissões de gases com efeito de estufa.

Ao organizar campanhas comunitárias de reciclagem de papel, os organizadores podem mobilizar os residentes para agirem contra o desperdício e contribuírem para um futuro mais limpo e mais verde para as suas comunidades.

Colaboração com artistas e artesãos locais

A colaboração com artistas e artesãos locais oferece uma abordagem criativa e colaborativa para promover a sustentabilidade e apoiar as artes. Ao envolver artistas e artesãos em iniciativas de reutilização e ao dar-lhes acesso a materiais reciclados, os organizadores podem inspirar a criatividade, fomentar ligações à comunidade e promover a gestão ambiental. Eis como colaborar com artistas e artesãos locais:

1. **Criar parcerias**: Contacte artistas, artesãos, espaços de criação e organizações artísticas locais para explorar oportunidades de colaboração. Destaque os benefícios da utilização de materiais

reciclados nas suas obras de arte e incentive-os a participar em iniciativas de reutilização.

2. **Fornecer materiais reciclados**: Ofereça materiais de papel reciclado, como papel de escritório excedente, cartão ou materiais de embalagem, a artistas e artesãos para os seus projectos criativos. Crie centros de doação ou de troca de materiais onde os artistas possam aceder a materiais reciclados gratuitamente ou a baixo custo.

3. **Organizar workshops e eventos**: Organize workshops, aulas ou eventos comunitários onde os artistas possam aprender sobre práticas artísticas sustentáveis e técnicas para incorporar materiais reciclados nas suas obras de arte. Apresente exemplos de trabalhos artísticos criados a partir de materiais reciclados para inspirar os participantes.

4. **Promover mercados de artesãos**: Crie oportunidades para artistas e artesãos mostrarem e venderem as suas obras de arte feitas a partir de materiais reciclados em mercados de artesãos, feiras de artesanato ou lojas pop-up. Destaque os benefícios ambientais do apoio à arte sustentável e incentive os membros da comunidade a patrocinarem estes eventos.

5. **Celebrar a criatividade e a sustentabilidade**: Reconhecer e celebrar as contribuições dos artistas e artesãos locais que incorporam materiais reciclados nas suas obras de arte. Organize exposições, galerias ou mostras online para destacar a sua criatividade e sensibilizar para as práticas artísticas sustentáveis.

Ao colaborar com artistas e artesãos locais, os organizadores podem aproveitar o poder transformador da criatividade para inspirar acções ambientais e promover um sentimento de orgulho e ligação à comunidade.

Medição dos benefícios ambientais da reutilização

A medição dos benefícios ambientais da reutilização fornece informações valiosas sobre o impacto positivo da reciclagem e das práticas sustentáveis na redução dos resíduos, na conservação dos recursos e na atenuação das alterações climáticas. Ao quantificar os benefícios ambientais das iniciativas de reutilização, os organizadores podem demonstrar o valor dos seus esforços e informar futuras tomadas de decisão. Eis como medir os benefícios ambientais da reutilização:

1. **Identificar os principais indicadores**: Determine os indicadores ambientais e as métricas que são relevantes para a sua iniciativa de reutilização, tais como a quantidade de resíduos desviados dos aterros, a redução das emissões de gases com efeito de estufa ou a conservação dos recursos naturais.

2. **Recolher dados**: Recolher dados sobre as entradas e saídas da iniciativa de reutilização, incluindo a quantidade e tipos de materiais recolhidos, processados e reciclados. Utilizar auditorias de resíduos, análise do fluxo de materiais e sistemas de controlo para medir com precisão o impacto ambiental.

3. **Calcular as poupanças ambientais**: Utilizar metodologias e ferramentas estabelecidas para calcular as poupanças ambientais obtidas através da reutilização, tais como calculadoras da pegada de carbono, avaliações do ciclo de vida ou modelos de impacto ambiental. Considere factores como a poupança de energia, a conservação da água e a redução de emissões.

4. **Comunicar os resultados**: Partilhe os resultados da sua avaliação de impacto ambiental com as partes interessadas, os parceiros e a comunidade para aumentar a sensibilização para os benefícios da reutilização. Utilize infografias, relatórios, apresentações e redes sociais para comunicar mensagens-chave e envolver o público.

5. **Avaliar e melhorar**: Monitorizar e avaliar continuamente a eficácia da iniciativa de reutilização na consecução dos seus objectivos ambientais. Identificar áreas de melhoria e implementar

estratégias para otimizar o desempenho e maximizar o impacto ambiental.

Conclusão: Abraçar a Renascença do Papel

Ao chegarmos ao fim desta viagem pelo mundo da reutilização do papel, é tempo de refletir sobre o poder transformador da criatividade, da sustentabilidade e da ação comunitária. A exploração de técnicas de fabrico de papel, ideias de negócio inovadoras, iniciativas de envolvimento da comunidade e avaliações de impacto ambiental revelaram o profundo potencial do papel como meio de mudança positiva. Vamos parar um momento para refletir sobre a nossa viagem, inspirar outros a juntarem-se ao movimento e imaginar o futuro da reutilização do papel.

Reflectindo sobre a sua viagem

Ao olhar para trás, para a sua viagem através das páginas deste livro, reserve um momento para celebrar as suas realizações e descobertas. Quer tenha dominado a arte de tecer papel, lançado uma iniciativa de reciclagem de papel ou colaborado com artistas e artesãos locais, os seus contributos fizeram a diferença na promoção da sustentabilidade e no fomento da criatividade. Reflicta sobre as competências que adquiriu, as ligações que estabeleceu e o impacto que teve na sua comunidade e no ambiente.

Inspirar outros a juntarem-se ao movimento

Como embaixadores do movimento de reutilização do papel, temos o poder de inspirar outros a juntarem-se a nós nesta viagem em direção a um futuro mais sustentável e criativo. Partilhe as suas experiências, conhecimentos e paixão pela reutilização de papel com amigos, familiares, colegas e vizinhos. Incentive-os a explorar a sua própria criatividade, a participar em iniciativas de reutilização e a adotar práticas sustentáveis na sua vida quotidiana. Juntos, podemos ampliar o nosso impacto e criar um efeito de onda de mudança positiva nas comunidades de todo o mundo.

Olhando para o futuro: O futuro da reutilização de papel

Ao olharmos para o futuro da reutilização do papel, imaginamos um mundo onde o desperdício é minimizado, os recursos são conservados e a criatividade floresce. O renascimento do papel não é apenas um momento no tempo, mas um movimento em direção a uma sociedade mais sustentável e equitativa. Vemos um futuro onde o papel é valorizado como um recurso precioso, onde a reciclagem é a norma e não a exceção, e onde a inovação e a imaginação alimentam os nossos esforços colectivos para construir um mundo melhor.

Neste futuro, o papel torna-se um símbolo de resiliência, adaptabilidade e possibilidade. Serve de catalisador para uma mudança positiva, inspirando-nos a repensar a nossa relação com os materiais, o consumo e o mundo natural. Juntos, podemos criar um futuro em que a reutilização do papel não seja apenas uma escolha, mas um modo de vida - um modo de viver em harmonia com o planeta e uns com os outros.

Ao embarcarmos nesta viagem rumo a um renascimento do papel, vamos levar por diante as lições aprendidas, as ligações estabelecidas e os sonhos partilhados. Continuemos a explorar, a inovar e a colaborar na nossa busca de um mundo mais sustentável e criativo. Juntos, podemos escrever o próximo capítulo do renascimento do papel - um capítulo cheio de esperança, inspiração e possibilidades infinitas.

Obrigado por se juntar a nós nesta viagem. Juntos, vamos abraçar o renascimento do papel e criar um futuro mais brilhante para as gerações vindouras.

Referências:

Alaanuloluwa Ikhuoso, O. (2018). O papel dos programas educacionais para aumentar a participação das partes interessadas na gestão sustentável de resíduos nos países em desenvolvimento: Uma investigação em escolas secundárias públicas na Nigéria. Revista Internacional de Recursos de Resíduos, 8(3).

Bassi Padilha, de J., Cziulik, C., & Camargo Beltrão, de P. A. (2017). Vetores de definição de inovação para aplicação durante a etapa de projeto conceitual do processo de desenvolvimento de produtos. Revista de Gestão da Tecnologia e Inovação, 12(1), 49-60.

Bowen, S., Durrant, A., Nissen, B., Bowers, J., & Wright, P. (2016). O valor da prática criativa dos designers em colaborações complexas. Design Studies, 46, 174-198.

Brun, J., Masson, le P., & Weil, B. (2016). Projetar com esboços: The generative effects of knowledge preordering. Design Science,

Brunetti, G., & Golob, B. (2000). Uma abordagem baseada em características para um modelo de produto integrado que inclua informações de design concetual. Computer-Aided Design, 32(14), 877-887.

Chino, M. (2011). Será que é verde? A lata de refrigerante biodegradável. Inhabitat.

Choi, S. Y., & Kim, M.-J. (2014). Ideia criativa e uma análise do design de moda na imagem coreana através da técnica SCAMPER. Journal of the Korean Society of Costume, 64(1), 1-17.

Davis, S. C., Kauneckis, D., Kruse, N. A., Miller, K. E., Zimmer, M., & Dabelko, G. D. (2016). Fechando o ciclo: Gestão de sistemas integrativos de resíduos em sistemas alimentares, energéticos e hídricos. Revista de Estudos e Ciências Ambientais, 6, 11-24.

Deng, S., Wan, Zh., & Zhou, Y. (2020). Modelo de otimização e método de solução para problemas de fornecedores de notícias de dois produtos correlacionados dinamicamente com base em Copula. Sistemas Dinâmicos Discretos e Contínuos - S, 13(6), 1637-1652.

Ellis, C. (2003). Alternativas etnográficas: Vol. 13. O eu etnográfico: Um romance metodológico sobre autoetnografia. C. Ellis & A. P. Bochner (Eds.). AltaMira Press.

Goldschmidt, G. (2003). The backtalk of self-generated sketches. Design Issues, 19(1), 72-88.

Buy your books fast and straightforward online - at one of world's fastest growing online book stores! Environmentally sound due to Print-on-Demand technologies.

Buy your books online at
www.morebooks.shop

Compre os seus livros mais rápido e diretamente na internet, em uma das livrarias on-line com o maior crescimento no mundo! Produção que protege o meio ambiente através das tecnologias de impressão sob demanda.

Compre os seus livros on-line em
www.morebooks.shop

Printed by Books on Demand GmbH, Norderstedt / Germany